ANIMALES AMISTOSOS DEL ZOOLÓGICO

PINGÜINOS

Un libro de Las Raíces de Crabtree

AMY CULLIFORD
Traducción de Pablo de la Vega

CRABTREE
Publishing Company
www.crabtreebooks.com

Apoyos de la escuela a los hogares para cuidadores y maestros

Este libro ayuda a los niños en su desarrollo al permitirles practicar la lectura. Abajo están algunas preguntas guía para ayudar al lector a fortalecer sus habilidades de comprensión. En rojo hay algunas opciones de respuesta.

Antes de leer:

- ¿De qué pienso que trata este libro?
    - *Pienso que este libro es sobre los pingüinos.*
    - *Pienso que este libro es sobre lo que los pingüinos hacen en el zoológico.*
- ¿Qué quiero aprender sobre este tema?
    - *Quiero aprender cómo son los pingüinos.*
    - *Quiero aprender qué les gusta hacer a los pingüinos.*

Durante la lectura:

- Me pregunto por qué...
    - *Me pregunto por qué los pingüinos tienen alas.*
    - *Me pregunto por qué a los pingüinos les gusta el frío.*
- ¿Qué he aprendido hasta ahora?
    - *Aprendí que algunos pingüinos pueden saltar.*
    - *Aprendí que la mayoría de los pingüinos son blancos con negro.*

Después de leer:

- ¿Qué detalles aprendí de este tema?
    - *Aprendí que a algunos pingüinos les gusta nadar.*
    - *Aprendí que los pingüinos ponen huevos.*
- Lee el libro una vez más y busca las palabras del vocabulario.
    - *Veo la palabra* ***pingüino*** *en la página 3 y la palabra* ***nieve*** *en la página 6. Las demás palabras del vocabulario están en la página 14.*

Este es un **pingüino**.

La mayoría de los pingüinos son blancos con negro.

A la mayoría de los pingüinos les gusta la **nieve**.

Algunos pingüinos pueden brincar.

Algunos pingüinos ponen **huevos**.

A todos los pingüinos les gusta el agua.

Lista de palabras

Palabras de uso común

a
algunos
con
de
el
es
este
gusta
la
les
los
mayoría
pueden
son
todos
un

Palabras para conocer

huevos

nieve

pingüino

39 palabras

Este es un **pingüino**.

La mayoría de los pingüinos son blancos con negro.

A la mayoría de los pingüinos les gusta la **nieve**.

Algunos pingüinos pueden brincar.

Algunos pingüinos ponen **huevos**.

A todos los pingüinos les gusta el agua.

Written by: Amy Culliford
Designed by: Rhea Wallace
Series Development : James Earley
Proofreader: Janine Deschenes
Educational Consultant:
Marie Lemke M.Ed.
Translation to Spanish:
Pablo de la Vega
Spanish-language layout and
proofread: Base Tres
Print and production coordinator:
Katherine Berti

Photographs:
Shutterstock: slowmotiongli: cover; Gary Cox: p. 1; Gary Cox: p. 3, 14; M Kunz: p. 5; JKornwika Supisa: p. 7, 14; nwdph: p. 8-9; Roger Clark: p. 11, 14; David Herraez Calzada: p. 13

Library and Archives Canada Cataloguing in Publication
Title: Pingüinos / Amy Culliford ; traducción de Pablo de la Vega.
Other titles: Penguins. Spanish
Names: Culliford, Amy, 1992- author. | Vega, Pablo de la, translator.
Description: Series statement: Animales amistosos del zoológico | Translation of: Penguins. | "Un libro de las raíces de Crabtree". | Text in Spanish.
Identifiers: Canadiana (print) 20210231335 | Canadiana (ebook) 20210231343 | ISBN 9781039617346 (hardcover) | ISBN 9781039617407 (softcover) | ISBN 9781039617469 (HTML) | ISBN 9781039617520 (EPUB) | ISBN 9781039617582 (read-along ebook)
Subjects: LCSH: Penguins—Juvenile literature.
Classification: LCC QL696.S473 C8518 2022 | DDC j598.47—dc23

Library of Congress Cataloging-in-Publication Data
Names: Culliford, Amy, 1992- author.
Title: Pingüinos / Amy Culliford ; traducción de Pablo de la Vega.
Other titles: Penguins. Spanish
Description: New York, NY : Crabtree Publishing, [2022] | Series: Animales amistosos del zoológico - un libro de las raíces de Crabtree | Includes index.
Identifiers: LCCN 2021024086 (print) | LCCN 2021024087 (ebook) | ISBN 9781039617346 (hardcover) | ISBN 9781039617407 (paperback) | ISBN 9781039617469 (ebook) | ISBN 9781039617520 (epub) | ISBN 9781039617582
Subjects: LCSH: Penguins--Juvenile literature. | Zoo animals--Juvenile literature.
Classification: LCC QL696.S473 C8518 2022 (print) | LCC QL696.S473 (ebook) | DDC 598.47--dc23
LC record available at https://lccn.loc.gov/2021024086
LC ebook record available at https://lccn.loc.gov/2021024087

Crabtree Publishing Company
www.crabtreebooks.com 1-800-387-7650

Printed in the U.S.A./072021/CG20210514

Published in the United States
Crabtree Publishing
347 Fifth Avenue, Suite 1402-145
New York, NY, 10016

Published in Canada
Crabtree Publishing
616 Welland Ave.
St. Catharines, ON, L2M 5V6